CONSIDÉRATIONS GÉNÉRALES

SUR LA

COLORATION ARTIFICIELLE DES VINS

MOYENS PRATIQUES PROPRES A LA DÉCELER

PAR

M. MARTIN-BARBET

PHARMACIEN DE L'ÉCOLE DE PARIS
SECRÉTAIRE GÉNÉRAL DU CONSEIL CENTRAL D'HYGIÈNE DU DÉPARTEMENT
DE LA GIRONDE, ETC., ETC.

BORDEAUX

IMPRIMERIE G. GOUNOUILHOU
11, RUE GUIRAUDE, 11

1874

CONSIDÉRATIONS GÉNÉRALES

COLORATION ARTIFICIELLE DES VINS

MOYENS PRATIQUES PROPRES A LA DÉCELER

PAR M. MARTIN-BARBET

L'étude des moyens propres à déceler dans le vin la présence d'une matière colorante étrangère a fait l'objet de nombreux travaux. Cela prouve que ce n'est pas d'aujourd'hui seulement que l'homme a cherché à intervenir dans cette grande fabrication naturelle, avec l'intention de multiplier la quantité d'un produit de jour en jour plus recherché.

On ne doit donc pas s'étonner de voir ces manœuvres se poursuivre et les industriels se servir sans retard des éléments nouveaux que les progrès de la chimie moderne mettent à leur disposition. Les travaux anciens sur la constatation de cette coloration factice sont devenus par suite rapidement insuffisants et ont demandé à être complétés par des recherches nouvelles.

Les publications récentes sur cet intéressant sujet, l'émotion qui en est résultée, semblent devoir provoquer, dans un avenir peu éloigné, l'intervention plus directe de l'Administration. Appelé à me prononcer sur cette question délicate par suite des fonctions officielles que je remplis, j'ai été obligé de me livrer à des travaux qui ont nécessité de nombreuses recherches.

Il m'a paru que la publication des résultats obtenus pourrait avoir quelque utilité, mais j'ai cru tout aussi nécessaire de combattre les arguments invoqués pour excuser une pratique si condamnable à tous les points de vue.

Ce Mémoire se ressentira nécessairement du double but que je me suis proposé d'atteindre, et ces quelques considérations expliqueront la division et l'ordre adopté. La marche que j'ai suivie pour cette étude n'a pas, que je sache, été encore mise en pratique; elle permet d'établir des réactions plus précises que rien ne modifie; je me bornerai, dans l'exposition des faits qui vont suivre, à ne rappeler que des points importants et à ne donner que des réactions caractéristiques et différentielles. Je n'ai pas besoin d'ajouter que ce travail n'a pas la prétention de clore la question, qui probablement n'est pas près d'être définitivement résolue et subira sûrement de nouvelles modifications avec de nouvelles découvertes; mais il s'ajoutera à ce qui a été publié déjà et apportera son léger contingent aux nombreux éléments dont on a besoin lorsqu'on est appelé à se prononcer sur des sujets de cette nature.

Voici les questions que j'ai étudiées et le sens dans lequel je crois qu'elles doivent être résolues :

1º Du vin; sa provenance, sa composition;

2º Peut-on admettre la coloration artificielle du vin? Conséquences qui découleraient d'une semblable tolérance;

4º Est-il possible de s'appuyer sur les progrès de la science pour établir une assimilation quelconque entre du vin naturel et du vin factice?

4º La matière colorante du vin est-elle partout identique à elle-même? Recherches faites sur des échantillons authentiques de diverses provenances;

5º La coloration artificielle d'un vin ou l'addition d'une matière colorante; dans un mélange où il entrerait du vin rouge, peut-elle être toujours décelée d'une manière rigoureuse et absolue?

6º Produits qui servent à colorer artificiellement ou à augmenter la couleur du vin. Leur division, leur forme commerciale; danger de leur emploi;

7º Moyens propres à constater dans du vin la présence d'une coloration factice, soit partielle, soit absolue;

8° Est-il nécessaire, au point de vue de la justice, de déterminer la nature de la matière ou suffit-il d'affirmer qu'il y a introduction frauduleuse d'une matière colorante étrangère à la composition du vin naturel?

9° Appréciation des Chambres de commerce de Montpellier et Nîmes sur ces manœuvres. Importance de la question au point de vue des intérêts de la Gironde;

10° Conclusions.

1° *Du vin; sa provenance, sa composition.* — La définition du vin devait précéder toute cette étude et servir d'entrée en matière, parce que ce qui va suivre n'aura sa raison d'être qu'en s'appuyant sur ce point primordial; c'est, en effet, sur les éléments constitutifs du vin que la fraude s'exerce soit en augmentant la proportion des uns, soit en diminuant celle des autres, ou même substituant entièrement à certains éléments constitutifs du vin des analogues empruntés à tous les règnes.

Le vin est le suc fermenté du fruit de la vigne.

La fermentation du raisin mûr terminée, le liquide qu'on soutire a encore besoin d'être soumis à l'opération du collage pour lui enlever les matières tenues en suspension; après cette opération, le liquide clair obtenu et qui porte le nom de VIN, est un composé d'eau, d'alcool, de matières gommeuses, extractives, azotées, albuminoïdes, colorantes, de petites quantités de sucre non décomposé, d'acide acétique, de tannin, de bitartrate de potasse (remplacé par du sulfate de potasse dans les vins du Midi ayant subi l'opération du plâtrage), de sels minéraux et de petites quantités de matières volatiles. Le tout en proportions, plus ou moins grandes (cependant limitées) et très variables, selon la nature du sol et son exposition, les années et le climat, mais toujours identiques. C'est à ce produit si goûté de l'homme et auquel l'on attribue des propriétés toniques si précieuses, que l'on fait subir des manipulations frauduleuses, qui en altèrent la nature; c'est principalement pendant les années où la récolte peu abondante amène une élévation anormale des prix et

permet de prélever alors des bénéfices au moyen de ces opérations illicites. Ce sont toujours les vins rouges qui sont
l'objet de ces manœuvres déloyales, soit qu'on livre des vins
blancs colorés en rouge, soit qu'on mélange du vin blanc au
vin rouge sous le couvert de cette même coloration, soit
enfin que l'on délivre des mélanges qui n'ont souvent du vin
que le nom.

Ce n'est pas seulement de nos jours que cela se pratique,
on trouve, en remontant à des temps fort anciens, les mêmes
tendances et les mêmes faits, moins perfectionnés peut-être,
mais non moins blâmables. L'analyse chimique relative au
dosage des éléments constitutifs fournit son contingent de
preuves quand il s'agit de la répression à obtenir. Je n'ai pas
pensé qu'il fût utile d'en parler ici, voulant ne m'occuper que
des matières colorantes. Les travaux relatifs à la recherche
des fraudes opérées sous le couvert de cette intervention
n'avaient porté jusqu'ici que sur les substances généralement employées pour atteindre ce résultat; mais les essais
primitifs, les réactions indiquées ne pouvaient atteindre les
produits non encore découverts et dont la science moderne
dotait l'industrie. Il y avait donc lieu de se livrer à des
recherches complémentaires, afin de mettre en opposition
avec ces nouvelles facilités des moyens suffisants pour en
opérer la constatation. Mais avant, il est évident que la solution à donner à la question qui va suivre devient indispensable; quoique jusqu'à présent elle se trouve résolue par
l'affirmative, comme j'ai entendu soutenir la thèse de l'inno-
cuité et par suite la possibilité d'obtenir la tolérance pour des
cas déterminés, il est bon d'indiquer les inconvénients et les
dangers qui se cachent sous le couvert d'une opération que
certains industriels qualifient d'insignifiante.

2° *Peut-on admettre la coloration artificielle du vin ? Conséquences qui découleraient d'une semblable tolérance* — Poser
la question, c'est la résoudre dans le sens de la négative. Il
n'y a pas besoin de nombreux arguments pour faire comprendre qu'une semblable tolérance aurait pour conséquence

immédiate de donner à la fraude un caractère légal. Les seules opérations licites sont le vinage et le coupage. La première consiste dans l'addition d'une certaine quantité d'alcool, et la seconde, dans le mélange de vins de provenances diverses; rien dans ces mesures qui puisse porter atteinte à la nature du vin et à ses qualités essentielles. Vous donnez par le mélange de choix à l'un des vins ce qui lui manque, et que vous trouvez en excès dans un autre, et vous maintenez par l'addition d'alcool la conservation d'un liquide qui a besoin d'un certain degré alcoolique sans lequel il s'altère. Du reste, ces tolérances n'ont été considérées comme licites qu'après une étude sérieuse et approfondie sur laquelle je n'ai pas à revenir. Il en est de même du plâtrage, qui n'est pas considéré comme un acte frauduleux, mais bien comme un moyen employé dans une grande région pour la fabrication du vin. Peut-être serait-il utile de revenir sur cette question et de la soumettre à une nouvelle étude plus approfondie, parce que cette pratique a pour conséquence la disparition d'un sel (le bitartrate de potasse, auquel se substitue le sulfate de potasse) qui est un des éléments constitutifs du vin. L'examen des raisons invoquées dans le Midi en faveur de cette pratique semble laisser quelque doute dans l'esprit au point de vue de son absolue nécessité; je crois que tout en reconnaissant avec la loi que les vins plâtrés ne sont pas qualifiés de vins fraudés, on pourrait rechercher les moyens propres à empêcher l'emploi du plâtre dans la fabrication, de manière à laisser dans le vin son bitartrate et à ne pas y introduire des quantités de sulfate de chaux plus ou moins élevées.

Si on étendait ces tolérances légales en ajoutant au vinage la coloration artificielle, on enlèverait toute garantie et toute sécurité. Avec la coloration artificielle on pourrait vendre légalement toutes sortes de produits n'ayant souvent du vin que le nom. En effet, c'est sous le couvert de la coloration factice qu'on délivre :

1° Du vin blanc pour du vin rouge;

2º Des mélanges de vins de qualité inférieure travaillés et dénaturés ;

3º Enfin des vins fabriqués de toutes pièces.

L'on ne saurait trop s'élever contre cette tendance du commerce à modifier, transformer et souvent dénaturer tout ce qui passe dans ses mains. Ce sont surtout les substances alimentaires, à quelque groupe qu'elles appartiennent, qui doivent être l'objet d'une surveillance des plus soutenues. L'hygiène générale des populations l'exige.

Le vin offre par sa nature une boisson des plus salutaires et des plus utiles à l'homme. Mais si par des manœuvres déloyales vous en altérez l'essence, il perd par ce seul fait les propriétés et qualités qu'on recherche en lui. Toute pratique qui tend vers ce but doit donc être rigoureusement poursuivie comme tombant sous le coup de la loi relative à la tromperie sur la qualité de la marchandise vendue. En appliquant ces principes, les conclusions prises par la Commission (¹) qui, en 1860, avait été appelée à se prononcer sur la fabrication, usage et vente des vins de teinte pour colorer artificiellement, devraient se résumer en une seule générale qui pourrait s'énoncer ainsi : *Toute coloration artificielle du vin par d'autres procédés que le coupage est interdite. Toute constatation de cette pratique sera déférée aux tribunaux et rigoureusement poursuivie.*

Cette barrière sera-t-elle suffisante ? Cette mesure prescrite de tout temps pour combattre un abus si préjudiciable à la santé publique arrêtera-t-elle les délinquants ? On peut le désirer sans oser l'espérer, quand on voit les pénalités rigoureuses que la Russie et d'autres nations ont édictées pour détruire les fabricants de vins factices.

3º *Est-il possible de s'appuyer sur les progrès de la science pour établir une assimilation quelconque entre du vin naturel et du vin factice?* — En parcourant la longue liste des merveilleuses découvertes auxquelles nous assistons depuis le

(¹) MM. Bully, Barbier, Baumes, Tardieu, Georges Ville, rapporteur.

commencement du siècle, on est bien en droit de se deman-
der quelles seront les limites de l'intervention de la chimie.
Mais tout en reconnaissant que la puissance de cette science
au point de vue de la décomposition et de la recomposition
est considérable, on ne peut s'empêcher de constater qu'il
lui échappe toujours quelque chose d'*insaisissable il est vrai*,
souvent indéterminé, mais qui laisse une différence fort
appréciable pour les produits que la nature a constitués et
ceux que nous voudrions lui substituer.

Le vin n'échappe pas à cette loi générale, et bien que nous
sachions quelle en est la composition, il ne nous est pas possible avec les mêmes éléments de reconstituer un liquide
identique. Notre intervention nous paraît tout aussi impuis-
sante que pour la reproduction de substances alimentaires
tout aussi utiles.

Cela n'empêche pas, dans les temps de disette, la prépara-
tion de boissons similaires; chacun est libre d'en user pour
son usage personnel, mais cela crée l'obligation absolue pour
les négociants ou les vendeurs d'un ordre inférieur de bien
déterminer la qualité et la nature de la marchandise vendue,
afin que chacun sache ce qu'il achète et ce qu'il consomme,
et que le prix soit en rapport avec le produit qu'on délivre :
substituer du vin factice à du vin naturel en le délivrant sous
un nom trompeur est un acte condamnable au premier chef.

*4° La matière colorante du vin est-elle partout identique à
elle-même ? Recherches faites sur des échantillons authentiques
de diverses provenances.* — *A priori* cette question n'a pas sa
raison d'être, parce qu'il semble qu'elle ne peut être soulevée;
comme dans l'affaire qui m'a conduit à l'étude que je viens de
faire, et dont je livre aujourd'hui les résultats à la publicité,
l'on m'a donné comme l'une des objections principales que la
couleur rouge des vins du Midi n'était pas la même que la
couleur rouge des vins de Bordeaux qui m'avaient servi de type,
et comme je n'avais vu nulle part cette objection combattue,
j'ai dû m'inquiéter de rechercher si elle aurait quelque valeur,
et si elle pouvait s'appuyer sur des faits vrais.

Il n'entre pas dans le cadre de ce travail de confirmer ou d'infirmer les opinions des savants qui se sont occupés de la composition de cette matière colorante; je n'ai pas tenu à rechercher si, comme le dit M. Fauré, c'est un mélange de bleu et de jaune rougi par un acide, ou, selon M. Batilliat, deux matières distinctes rouges toutes deux, *la pourprite* et *la rosite,* ou, d'après M. Mulder, de *l'œnocyamine,* etc., etc. Ce serait entrer dans la voie purement scientifique, non nécessaire pour la solution à donner à la question qui nous occupe, que j'ai tenu à maintenir exclusivement dans la voie pratique de l'expérimentation utile. C'est-à-dire que toutes réserves faites, j'ai recherché, étant donnée la couleur naturelle d'une série d'échantillons de vins rouges, si les mêmes réactifs employés simultanément sur chacun d'eux donnaient des réactions analogues.

Cet examen a porté sur une moyenne de vingt échantillons de provenances diverses, mais principalement du Midi; voici de quelle manière j'ai procédé :

250,00 de chacun de ces vins ont été évaporés à une température moyenne jusqu'à consistance épaisse, presque pilulaire.

J'ait traité cette matière extractive par de l'éther pur légèrement hydraté pour en séparer le tannin.

L'excès d'éther chassé, j'ai repris l'extrait par une quantité déterminée d'alcool à 92° (cette quantité en volume remplissait un flacon de 3 onces; il est bien entendu que l'alcool employé l'a été en lavages successifs, de manière à enlever le plus possible toute la matière colorante).

De cette manière je n'avais en solution que de la matière colorante avec la petite quantité d'acides libres solubles également dans l'alcool, mais dont la présence ne pouvait nuire aux réactions à intervenir.

J'ai opéré sur des solutions ayant l'alcool pour véhicule, parce que le temps que devaient prendre ces nombreuses expériences exigeait que j'eusse à ma disposition des produits dans un état de conservation absolue. Au préalable, je m'étais assuré que les résultats obtenus n'étaient pas modifiés par la présence de l'alcool en faisant un essai, qui a consisté dans l'évaporation d'une partie de solution alcoolique chargée de la couleur rouge, reprenant par l'eau distillée (qui dissolvait sans résidu) et obtenant simultanément sur les solutions aqueuses et alcooliques des réactions identiques.

Il faut également ajouter que toujours les solutions alcooliques ont été étendues de parties égales, en volume, d'eau distillée.

C'est sur des solutions de cette nature, et dans les conditions que je viens d'indiquer que j'ai opéré ; il ne me paraît pas nécessaire d'entrer dans le détail des réactifs employés, des colorations obtenues, cela se trouve dans tous les ouvrages qui traitent de la matière colorante des vins ; les alcalis, les acides, le sous-acétate de plomb, l'acétate de plomb ammoniacal, le chlore, etc., etc., ont toujours, sur chaque échantillon, donné des résultats analogues, ne présentant que des différences d'intensité de coloration, selon qu'on était en présence de vins jeunes ou vieux, ou bien des vins de même âge, mais de provenance différente et présentant eux-mêmes des proportions de matière colorante plus ou moins grandes.

Ces résultats me semblent confirmer, d'une manière absolue, ce que l'on pouvait prévoir *à priori*, et, quoique je n'ai pas eu à ma disposition les vins de l'Europe entière, je ne crois pas qu'il soit possible de contester que tous les vins rouges sont colorés par un élément simple ou composé, mais de nature identique.

5° *La coloration artificielle d'un vin, ou l'addition d'une matière colorante dans un mélange où il entrerait du vin rouge, peut-elle être toujours décelée d'une manière rigoureuse et absolue?* — En parcourant les divers ouvrages qui ont traité de la matière, en étudiant attentivement tous les travaux relatifs à ces recherches si utiles, on voit une même pensée survivre presque toujours aux conclusions qui en sont la suite, et cette pensée se traduit souvent par les déclarations

relatives aux difficultés inhérentes à ces travaux. Il est
bien certain (et c'est en grande partie sur ce point que gît le
plus grand écueil), que l'on se trouve ici en présence de
matières organiques toujours insaisissables, et que les réactions obtenues ne sont jamais que des réactions de colorations
diverses, des précipités de nuances différentes et que l'addition de matières frauduleuses de même nature se comportent
souvent de la même manière. Cependant presque toujours
il y a quelques éléments différentiels, ce dont l'on s'aperçoit
si l'on a eu le soin d'agir simultanément sur la couleur d'un
vin authentique, et la couleur d'un vin authentique mêlé
intentionnellement pour les recherches, avec les différents
éléments généralement employés. Je ne parle ici que des
produits qui ont des réactions communes; quant à ceux qui
ont quelques caractères parfaitement tranchés, ils ne sont pas
compris dans les réflexions qui précèdent. Je crois donc que
dans la grande majorité des cas (je tiens à faire une concession
à l'imprévu), il sera possible de déterminer si un vin contient
ou non une matière colorante de nature étrangère.

6° *Produits qui servent à colorer artificiellement ou à
augmenter la couleur du vin. Leur division, leur forme commerciale, danger de leur emploi.* — Il est de notoriété que de
tout temps on a eu recours, pour relever la couleur des vins
qui en manquaient, à des matières empruntées au règne
végétal, et particulièrement aux sucs de fruits à coloration
plus ou moins rouge, tels que ceux des baies de myrtille,
sureau, hièble, troène, phytolacca, etc., ou bien aux fleurs
de coquelicots, roses trémières, etc.; à cette nomenclature
s'ajoutaient les décoctions de certains bois de Brésil, d'Inde,
Fernambouc, Campêche. Dans un autre ordre, la cochenille
ammoniacale, le cutbear; enfin la découverte récente de ces
produits organiques dérivés du goudron de houille, leur
puissance colorante, les avantages qu'ils présentaient sur
les autres substances les eurent bientôt mis en grande
vogue, et leur emploi prit rapidement une extension considérable.

Il est évident que ces nouvelles matières colorantes remplissaient bien toutes les conditions recherchées dans les substances employées pour atteindre ce résultat :

Matière appartenant au règne organique ;

Saveur inappréciable ;

Quantité à introduire extrêmement minime ;

Coloration intense.

Il semblait qu'on avait atteint les dernières limites du possible, et surtout que la chimie se trouverait en défaut lorsqu'il s'agirait de constater la présence de matières introduites frauduleusement dans les conditions indiquées ci-dessus. Il est certain qu'on était loin des facilités qu'offrait la recherche dans les vins des sels de plomb, d'alumine, de magnésie, etc. Mais heureusement pour le public que c'était encore une illusion qui n'a pas été de longue durée, car bientôt les travaux de plusieurs chimistes ont mis à notre disposition les moyens propres à déceler la présence de traces presque infinitésimales de ces merveilleux produits de l'industrie.

Cette constatation devenait ici d'autant plus nécessaire que, comme je l'ai déjà dit, c'est surtout sous le couvert de cette opération que la fraude la plus large et la moins scrupuleuse peut s'exercer ; je considère donc cette question comme la plus importante, attendu que s'il était constaté qu'on ne peut déterminer la présence de la matière colorante étrangère dans un liquide vendu sous le nom de vin, il faudrait se déclarer à la merci du premier compositeur venu et ne plus boire qu'en tremblant ces liquides factices.

J'ai bien entendu émettre (non pas timidement) l'opinion, que si les substances ajoutées étaient sans action délétère sur l'économie, on n'avait aucun recours contre le vendeur. Mais ici encore, je crois qu'on ne saurait trop s'élever contre cette théorie.

Une chose peut être délétère de deux manières que je déterminerai ainsi :

Délétère par action directe;

Délétère par action indirecte.

Je n'ai pas à définir la première, tout le monde comprend que si l'on prend de l'arsenic, il y a danger puisque l'arsenic tue.

Mais ce qui a besoin d'explications, c'est la seconde manière, je vais tâcher de faire comprendre ma pensée par un exemple emprunté au même sujet, c'est-à-dire à l'action d'un médicament. Tout le monde sait que le sulfate de quinine guérit la fièvre ; si donc vous avez la fièvre et que vous preniez pour la couper un liquide inerte, qui ne contient pas l'élément qui la combat, votre mal s'aggrave, non pas sous l'influence de ce que vous avez pris, mais bien parce que le liquide absorbé ne contenait pas ce qui devait combattre le mal.

Nous connaissons tous l'action du vin sur l'économie de l'homme, et tout en reconnaissant que cet élément n'est pas indispensable à notre existence, nous pouvons affirmer qu'une substitution qui introduirait journellement dans l'estomac un liquide dont la composition et la nature seraient aussi variables que les vendeurs, constituerait une des plus grandes atteintes qu'on pût porter à l'hygiène générale. Ajoutons que dans cette circonstance ce serait surtout l'hygiène du pauvre qui se trouverait plus directement atteinte, celle précisément qui a besoin de plus de garanties, parce que la santé est le premier des biens du pauvre.

7° *Moyens propres à constater dans du vin la présence d'une coloration factice, soit partielle, soit absolue.* — Après des recherches nombreuses, des démarches non moins nombreuses, j'ai pu avec peine me procurer une série de produits colorants qui m'ont servi à des expériences qu'il serait trop long d'énumérer parce que plusieurs étaient sans valeur, et que d'autres n'étaient utiles que pour établir la parité de composition de la couleur naturelle des vins. Mais à la suite de ces travaux j'ai été conduit à placer dans quatre groupes principaux tous les produits que j'avais examinés, cette division fournissant pour chaque groupe des caractères propres différentiels ; c'est sur elle que je résume toutes mes recherches, mettant de côté tout ce qui n'offre pas un caractère d'utilité réelle.

Avant d'aborder le sujet, je crois devoir rappeler que toutes les réactions ont été faites sur la matière colorante extraite comme je l'ai indiqué plus haut, et en solution dans l'alcool; que toujours ces solutions étaient étendues d'au moins leur volume égal d'eau distillée, qu'après l'action directe est venue l'action sur des mélanges de couleur naturelle et de couleurs factices, que toutes les dissolutions et décoctions ont été faites dans des proportions égales et déterminées, et que toujours les réactions que j'indique ont permis de déceler la présence de la couleur étrangère que j'avais introduite.

J'ai placé dans le 1er Groupe presque tous les produits qui étaient employés autrefois pour obtenir la coloration artificielle, tels que les sucs fermentés de fruits, les décoctions ou macérations de fleurs et de bois, etc., etc.

Dans le 2e Groupe, nous trouverons les produits nombreux dérivant de l'aniline et donnant naissance à une série de rouges plus ou moins foncés;

Dans le 3e Groupe, des liquides qu'on trouve dans le commerce, sans désignation spéciale de nom sous forme d'un liquide épais, d'une odeur légèrement alcoolique, d'une intensité de couleur extrêmement puissante; je désignerai les deux échantillons que j'ai pu me procurer avec les lettres X et Z, l'un venait du Nord, l'autre du Midi;

Dans le 4e Groupe, enfin, je placerai la cochenille ammoniacale, le cutbear.

La série des éléments compris dans ces quatre Groupes possède un caractère commun; c'est qu'ils sont tous détruits par la chaleur, ne laissant, après incinération, aucune trace, et ne fournissant, par suite, de ce côté du moins, aucun élément de recherche. C'est donc exclusivement sur les réactions chimiques qu'ils présentent qu'il faut établir les distinctions, et rechercher les bases suffisantes pour affirmer, d'une manière incontestable, la présence dans les vins d'une matière colorante étrangère.

1ᵉʳ Groupe.

Je ne m'occuperai pas des matières colorantes fournies par les produits que j'ai placés dans ce groupe, les travaux de MM. Fauré, Vogel, Chevallier et tant d'autres, ont fourni tous les documents qu'on pouvait attendre d'expérimentateurs aussi habiles et aussi consciencieux dans leur recherche ; n'ayant pas eu l'occasion de signaler aucun fait nouveau en répétant leurs expériences, je me contenterai de renvoyer à ces divers auteurs pour les résultats qu'ils ont obtenus, et qui sont encore plus probants en agissant directement, comme je l'ai fait, sur la matière colorante seule.

2ᵉ Groupe.

Nous avons vu, dans les réactions qui précèdent, que l'ammoniaque décolore la matière colorante des vins naturels et des produits indiqués dans le 1ᵉʳ Groupe en les faisant passer au vert plus ou moins foncé (les décoctions de bois sont décolorés par un excès d'ammoniaque) ; mais si une fois cette action de l'ammoniaque obtenue on traite le liquide obtenu par de l'éther sulfurique à 65°, et qu'après quelques minutes de repos on observe ce qui s'est passé, on remarque :

1° Que l'éther reste incolore dans les réactions par l'ammoniaque sur les couleurs du vin naturel ou de ceux colorés artificiellement au moyen des produits compris dans les 1ᵉʳ, 3ᵉ et 4ᵉ Groupes, mais prend une légère teinte jaune plus ou moins intense, si ceux appartenant au 2ᵉ Groupe ont été introduits frauduleusement ;

2° Si l'on fait agir sur cet éther l'acide acétique étendu d'eau, il n'y a pas d'action sur les éthers provenant du traitement des matières appartenant aux 1ᵉʳ, 3ᵉ et 4ᵉ Groupes, et l'éther reste incolore ; mais les produits compris dans le 2ᵉ Groupe donnent une coloration rosée d'une intensité plus

ou moins grande, avec des nuances, selon que nous avons
opéré sur les fuchsines ou les rouges grenat, violacé, etc., et
l'éther surnageant redevient incolore.

Ajoutons maintenant que les solutions de ces divers rouges
donnent :

1° Avec l'eau de baryte, un précipité rose tendre ;

2° Avec une solution de tannin, la couleur est avivée ;

3° Avec l'ammoniaque, décoloration complète.

Que l'action de l'eau de baryte sur la couleur du vin naturel
donne un précipité verdâtre, le liquide surnageant conserve
une teinte jaune citron.

Et si l'on mélange la couleur naturelle du vin avec l'une
de ces couleurs artificielles, l'action de l'eau de baryte donne
bien un précipité; mais il n'est plus verdâtre, et conserve une
teinte rouge sale.

3ᵉ GROUPE.

Les couleurs du vin naturel et celles placées dans le
1ᵉʳ Groupe sont impressionnées par l'ammoniaque, en ce sens
que la couleur pour la plupart est changée; celles du
2ᵉ Groupe sont complètement décolorées, et n'apportent par
leur mélange aucune modification aux résultats de cette
réaction; mais les couleurs qui nous sont fournies par ces
produits liquides, que j'ai désignés par les lettres X et Z,
restent rouges après l'addition de la quantité d'ammoniaque
que j'appellerai normale (c'est-à-dire suffisante pour agir sur
des proportions égales des solutions des produits que nous
étudions); mais cependant un grand excès d'ammoniaque la
décolore complètement.

Si l'on traite alors par l'éther, comme je l'ai indiqué plus
haut, et qu'on agite vivement, il se forme au bout de quelques instants trois couches assez distinctes, qui se réduisent
par le repos à deux : la première, superficielle, est de l'éther
incolore, restant incolore après qu'on a fait agir l'acide
acétique dilué; la deuxième, de couleur jaune brun, prenant

une teinte rosée après saturation par l'acide acétique en léger excès.

La coloration des liquides X et Z persiste dans toutes les réactions qui, faites sur la couleur naturelle du vin, la modifient.

Si maintenant nous les étudions à part, nous verrons :

1° Qu'une solution de tannin précipite, au bout de quelque temps, une matière rouge complètement insoluble dans l'éther, mais donnant par l'acide acétique étendu une couleur rosée se rapprochant par la nuance des colorations obtenues par les produits du 2e Groupe ;

2° L'eau de baryte les décolore, le liquide prend une teinte jaune paille ;

3° Le sous-acétate de plomb liquide ne donne pas de précipité ;

4° Le sous-acétate de plomb ammoniacal donne un précipité rose chair ;

5° Si on mélange une partie de ces solutions avec de la couleur naturelle du vin, qui, elle, est précipitée par l'acétate de plomb en donnant une nuance vert sale-foncé passant au gris verdâtre-clair, l'on obtient d'abord un précipité de couleur rose chair, conservant toujours une nuance rosée après l'addition de l'ammoniaque.

C'est sur la différence qui existe entre les produits du 2e Groupe et ceux du 3e que j'arrêterai un moment l'attention, parce que, tout en reconnaissant que la base principale de ces produits colorants semble avoir la même origine, il est incontestable qu'ils offrent des particularités essentiellement différentes dans l'action de l'ammoniaque, l'éther et l'acide acétique (1).

C'est même à cette circonstance, qui m'a fait multiplier mes recherches, que j'ai dû pendant un certain temps de ne pas trouver dans les vins incriminés une coloration que tout

(1) Je renvoie, pour les détails relatifs à la recherche de la fuchsine dans les vins, au travail si intéressant de notre savant confrère E. Falières de Libourne, publié dans le *Bulletin de la Société de Pharmacie*, juin 1878.

m'indiquait comme existant, et que rien ne me permettait de classer. J'ai dû également à des observations pratiques fort nombreuses de pouvoir constater que la fuchsine, primitivement employée, donnait au vin une odeur particulière caractéristique telle qu'on a dû modifier les conditions de son intervention (¹).

Quoi qu'il en soit, il est certain que plusieurs vins colorés artificiellement par les liquides X et Z ne donnaient pas de résultat dans les conditions indiquées pour la recherche de la fuchsine, et que cependant, par des réactions complexes, on arrive à constater la présence de la rosaniline dans ces produits. Serait-ce un nouveau sel dont la base ne serait pas déplacée par l'ammoniaque? D'un autre côté, j'ai constaté, comme l'indiquent Pelouze et Frémy, que la rosaniline est insoluble dans l'éther; mais j'ai observé également qu'il existe une modification de cette rosaniline hydratée ou autre, qui se dissout, et donne, par l'acide acétique, la coloration rosée si caractéristique et si puissante de l'acétate de rosaniline.

Je n'ai pas la prétention, je ne saurais trop le redire, d'apporter une solution définitive à des questions qui me paraissent très délicates par suite des transformations que peut subir la matière; mais je ne saurais trop appeler l'attention sur les difficultés inhérentes à des recherches de cette nature et de la nécessité de ne pas se prononcer trop vite.

4ᵉ GROUPE.

Cochenille ammoniacale, Cutbear.

Ce groupe comprenait primitivement plusieurs autres substances qui m'avaient été désignées comme servant à produire la coloration artificielle. Les recherches faites et les résultats obtenus m'ont fait les éliminer comme n'étant pas d'un emploi pratique; les quelques observations qui vont suivre

---

(¹) Plusieurs négociants m'ont affirmé qu'elle ne résistait pas aux coupages. Cela tenait-il réellement à la fuchsine, ou bien n'était-ce que conséquence du liquide ne portant du vin que le nom?

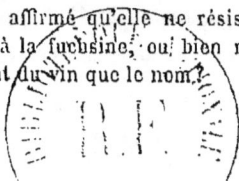

porteront donc exclusivement sur les deux produits indiqués :

1° La couleur est avivée par l'ammoniaque.

2° Si l'on traite alors par l'éther, il n'y a pas d'action ; l'éther reste incolore, il n'a rien dissous des principes colorants.

3° Ces couleurs mélangées avec la couleur d'un vin naturel conservent, par l'ammoniaque, leur coloration (plus ou moins, selon la proportion des mélanges) avec des reflets carminés sur les bords dans le cas d'addition de cochenille ammoniacale, et violacés dans le cas du cutbear.

4° L'acétate de plomb liquide donne un précipité violet sale qu'on retrouve dans le mélange de cette couleur avec la couleur naturelle du vin ; le cutbear donne à peu de chose près les mêmes réactions.

5° L'acide acétique donne un précipité lorsqu'il y a mélange de couleur naturelle et de cochenille ammoniacale.

6° La couleur provenant du cutbear est décolorée par l'acide acétique, le liquide vire au paille nuance vin vieux très dépouillée ; mais dans le cas de mélange avec la couleur naturelle du vin, il n'y a aucune modification apparente.

Pour résumer en quelques mots ces bien longues considérations que j'ai cependant réduites le plus que j'ai pu, je dirai que les recherches se condensent dans les temps d'opération qui suivent :

1° Extraction de la matière colorante ;

2° Action de l'ammoniaque ;

3° Traitement par l'éther ;

4° Réactifs divers à essayer d'après les premiers résultats obtenus.

Il me paraît bien difficile, dans ces conditions, de n'avoir pas acquis une certitude telle que l'on ne puisse se prononcer catégoriquement.

8° *Est-il nécessaire, au point de vue de la justice, de déterminer la nature de la matière employée pour colorer artificiellement un vin, ou suffit-il d'affirmer qu'il y a introduction frauduleuse d'une matière colorante étrangère à la composition*

du vin naturel ? — J'ai expliqué au début les causes qui
avaient provoqué cette étude, ce sont les mêmes qui soulè-
vent incidemment la question ; après avoir soutenu que la
couleur des vins rouges n'était pas la même pour tous les
vins, il fallait soutenir que tant qu'on ne pourrait pas séparer
la couleur introduite frauduleusement, on ne serait pas pas-
sible des poursuites judiciaires. C'est là une prétention qui
semble tout simplement exorbitante.

Il est incontestable que, dans les recherches de cette
nature, on se trouve en présence de difficultés inhérentes à
la matière qu'on a à traiter; il est évident, en outre, que les
recherches sur les produits organiques ne donnent pas les
résultats aussi probants, au point de vue de la représentation
du corps, que ceux fournis par la chimie inorganique ; mais
chacune a son genre de preuves, et les résultats que nous
trouvons dans les réactions obtenues sont dans cette classe
de produits aussi certains, aussi sûrs que ceux fournis pour
l'analyse minérale.

Il ressort du travail qui précède que la couleur du vin
naturel offre des caractères tranchés toujours identiques ; que
ces caractères sont modifiés de telle ou telle manière toutes
les fois qu'il y a eu introduction par fraude d'une couleur
étrangère ;

Qu'il est toujours possible de constater les modifications
que cette couleur naturelle a subies ;

Que tout en constatant la nature de la couleur introduite,
il n'est peut-être pas toujours possible de lui assigner un nom
exactement déterminé.

Toutes choses qui ne semblent pas modifier la question
principale qui seule est en cause, et que par suite la déclaration formelle qu'il y a introduction d'une matière colorante
étrangère basée sur les réactions différentielles consignées,
me paraît suffire pour entraîner la condamnation de celui
qui aura livré des vins dans les conditions ci-dessus indiquées.

9° *Appréciation des Chambres de commerce de Montpellier
et Nîmes sur ces manœuvres; importance de la question au*

point de vue des intérêts de la Gironde. — Si quelque chose pouvait donner une consécration à l'opinion que j'ai émise sur les conséquences inhérentes à la coloration artificielle des vins, c'est bien la préoccupation qui s'est emparée des Chambres de commerce de Montpellier et Nîmes, et les a décidées à mettre à l'étude d'un commun accord diverses mesures destinées à maintenir aux vins du Midi leur légitime réputation et à déjouer les pratiques déloyales de quelques propriétaires ou commerçants qui cherchent, par une addition de matières colorantes, à tromper l'acheteur sur la valeur apparente de la marchandise vendue.

Les deux moyens préventifs qui semblaient devoir être adoptés étaient les suivants :

1° Il serait établi à Montpellier un bureau d'essais sous la haute direction des sommités scientifiques où, moyennant une redevance à déterminer, un vin suspect pourrait être vérifié par les moyens dont la science dispose avant de devenir l'objet d'une transaction.

2° Il serait recommandé au commerce des vins de ne plus se livrer à l'achat d'une partie sans exiger du producteur, dans le traité de vente, la mention explicite et formelle que le vin vendu n'a reçu aucune addition de matière colorante.

Il me semble qu'en outre du commerce, on pourrait comprendre les petits acquéreurs pour une ou quelques barriques, et exiger du vendeur la même déclaration au point de vue de la non-coloration artificielle.

Il est évident que si le Midi se livre à ces opérations illicites, lorsque ses vins sont déjà naturellement fort colorés, c'est afin d'augmenter la production normale. Et si l'on se préoccupe du soin de conserver à ces vins leur réputation, que pourra-t-on dire quand il sera question de notre région ? Les vins de la Gironde ont une réputation universelle ; ils sont la fortune de notre département ; si cette réputation se perdait à la suite de fraudes de cette nature, on peut juger des conséquences que cela pourrait avoir au point de vue des intérêts généraux.

Aussi semble-t-il que la proposition qui vient du Midi

devrait trouver bon accueil auprès de notre Chambre de commerce. Dans tous les cas, elle ne peut qu'être prise en considération au point de vue général et particulier.

10° *Conclusions*. — De tout ce qui précède, je tirerai les conclusions suivantes :

1° La coloration artificielle du vin ne peut être ni permise, ni tolérée;

2° Le vin factice, ou toute boisson fabriquée portant ce nom, ne saurait être assimilé à du vin naturel; la dénomination devra donc toujours être accompagnée d'un qualificatif indiquant la nature de la marchandise vendue;

3° La couleur des vins rouges est toujours identique, n'importe leur provenance; les seules différences résident dans l'intensité de couleur;

4° La science a des éléments suffisants pour déterminer la coloration artificielle d'un vin;

5° L'indication de réactions différentes de celles obtenues avec la couleur des vins naturels suffit pour faire déclarer les vins colorés artificiellement;

6° La mesure proposée par les Chambres de commerce de Montpellier et Nîmes, si elle était appliquée d'une manière générale, serait suffisante pour détruire cet abus.

APPENDICE

Le Mémoire qui précède était déjà imprimé, lorsqu'un petit article inséré dans un journal politique appela mon attention sur un travail d'expertise relatif à une question de même nature.

Désireux de connaître le rapport dans son ensemble, j'ai dû à l'obligeante intervention de M. Planchon, directeur de l'École supérieure de Pharmacie de Montpellier, d'en avoir un exemplaire à ma disposition.

Il n'était pas indifférent, en effet, de savoir quelle était l'opinion d'hommes aussi compétents et aussi haut placés dans la science que MM. Balard, Wurtz, Pasteur et Chancel (¹), tant sur la possibilité de constater la coloration artificielle d'un vin, que sur les moyens à employer pour déceler la présence de ces éléments de nature étrangère; il pouvait, en outre, être utile d'ajouter aux moyens pratiques que je venais d'indiquer ceux que l'expérience avait pu suggérer aux savants susnommés.

Le sujet a une telle importance que déjà, comme je le prévoyais, ont surgi des travaux plus ou moins complets, mais apportant chacun quelques éléments nouveaux.

A ce titre, le rapport d'expertise que je signale donne des caractères différentiels des produits colorants que j'avais placés dans le 1ᵉʳ. Groupe, et négligés comme suffisamment connus (rose trémière, sureau, hyèble, myrtille). Il sera donc bon d'ajouter aux caractères publiés dans tous les ouvrages celui que présente le fer à l'état d'alun de fer.

Voici comment les experts définissent les résultats obtenus par ce nouveau réactif.

_____

(¹) Experts chimistes dans l'affaire de M. H. Guerre, propriétaire à Mèze, et M. H. Manheimer, propriétaire et négociant à Montpellier. (Tribunal civil de Montpellier, mai 1874.)

« Si l'on dissout un petit cristal d'alun de fer dans les
» infusions de mauve, sureau et hyèble, on voit la mauve
» prendre la teinte violette, passer en jaune, sans qu'il y ait
» formation de précipité. Avec le sureau, il se forme un pré-
» cipité et une coloration verte; avec l'hyèble et le myrtille,
» il y a aussi un dépôt, mais la coloration est brune. »

Je trouve en outre, dans le même Mémoire, pour la
recherche de l'indigo, comme moyen de constatation de sa
présence, des essais de teinture faits sur des étoffes de laine
ou de soie mordancées avec l'acétate d'alumine, ou bien par
la formation du *chloranile;* j'ajouterai à ces éléments les
expériences que j'ai faites en suivant la méthode générale que
j'ai indiquée.

L'indigo, qui sert à colorer les vins, existe sous deux
formes :

La première, portant le nom de *carmin d'indigo,* donne
des solutions d'un bleu foncé. (Ces solutions se décolorent
complètement au bout de quelques jours.)

La seconde, *rouge d'indigo,* très soluble dans l'eau-de-vie,
donne des solutions rouges avec reflets bleus violacés.

Ces solutions, soumises aux réactions chimiques dans les
conditions qui suivent, fournissent des caractères différentiels
des autres matières colorantes.

CARMIN D'INDIGO.	ROUGE D'INDIGO.
SOLUTION BLEUE.	SOLUTION ROUGE-VIOLACÉE.
Par l'ammoniaque : *Vire au vert foncé.*	*Brun reflets rosés.*

Si l'on fait agir l'éther sulfurique sur ces solutions, l'on
observe :

Pas de changements,	*Le liquide devient bleu,*

et l'éther surnageant resté incolore n'est pas modifié par
l'addition de l'acide acétique.

Eau de baryte :	*Sans changement.*	*Coloration vert-clair.*
	(Précipité bleu au bout de quelques instants.)	(Se décolore au bout d'un moment.)

Si l'on vient à ajouter de la couleur naturelle du vin dans ces solutions, l'on obtient par :

Eau de baryte :   *Un léger précipité*   *Un précipité marron,*
                          violacé,   *le liquide surnageant vert,*

et si l'on fait agir sur ces liquides, tenant le précipité en suspension, l'acide acétique, l'on observe :

            Précipité se dissout, la   *Précipité se dissout, le*
            couleur restant la même.   *liquide devient rouge-*
                                      violacé.

S.-acétate de plomb : *Précipité bleu.*   *Précipité bleu-verdâtre.*

Mélangés avec la couleur naturelle du vin, ces précipités deviennent gris par l'addition d'ammoniaque.

Ces solutions tenant leurs précipités en suspension, traitées par l'acide acétique, donnent :

            Une coloration bleue.   *Une coloration rose*
                                  violacée.

De plus, comme moyen complémentaire et à un point de vue général, MM. les Experts ont indiqué les essais de teinture des étoffes par le vin, comme pouvant apporter leur contingent de preuves ; elles me paraissent devoir être plus probantes et plus certaines si, au lieu d'opérer directement avec le vin, on fait ces essais de teinture avec la matière colorante retirée des vins à examiner.

Il résulte enfin, de la lecture attentive du Mémoire auquel je fais allusion, que l'opinion que j'avais émise sur la possibilité de reconnaître et de constater la présence d'une matière colorante étrangère introduite frauduleusement dans le vin est confirmée par les sommités de la science.

Quant aux autres conclusions qui découlent de mon travail, elles sont du ressort de la conscience publique et ne sauraient soulever d'opposition sérieuse.

Bordeaux. — Imp. G. Gounouilhou, rue Guiraude, 11